图书在版编目（CIP）数据

我的第一本数学童话. 身边的数字 /（韩）曲仁辉 著；（意）多拉 绘；邓楠 译.
—北京：东方出版社，2012.4
ISBN 978-7-5060-4652-7

Ⅰ.①我… Ⅱ.①曲… ②多… ③邓… Ⅲ.①数学—儿童读物 Ⅳ.①O1-49

中国版本图书馆CIP数据核字（2012）第075801号

我的第一本数学童话：身边的数字
（WODE DIYIBEN SHUXUE TONGHUA：SHENBIAN DE SHUZI）

作　　者：［韩］曲仁辉
绘　　图：［意］芝拉·多拉
译　　者：邓　楠
责任编辑：黄　娟　邓　楠
出　　版：东方出版社
发　　行：人民东方出版传媒有限公司
地　　址：北京市东城区朝阳门内大街166号
邮政编码：100706
印　　刷：北京博艺印刷包装有限公司
版　　次：2012年6月第1版
印　　次：2012年6月第1次印刷
印　　数：1—5000册
开　　本：889毫米×1194毫米　1/20
印　　张：1.8
字　　数：2.0千字
书　　号：ISBN 978-7-5060-4652-7
定　　价：25.00元
发行电话：（010）65210059　65210060　65210062　65210063

身边的数字

[韩] 曲仁辉（구인회） 著
[意] 芝拉·多拉（Cila Tortola） 绘
邓 楠 译

東 方 出 版 社

5月
日 一 二 三 四 五 六
1 2 3 4 5
8
22
29

小星星红红和蓝蓝，
是宇宙村里最好的朋友。
它们今天要一起去买东西，
因为它们的朋友，月亮的生日快到了。

“看看日子吧，马上就到月亮的生日啦！”

生活中使用数字的情况非常多。除了在日历中使用以外，数字还在哪里使用，它们怎么使用呢？读完这个故事之后，和孩子一起说一说生活中的数字。

“送什么给月亮好呢？”

“银河水怎么样？一闪一闪的，多漂亮啊。”

于是它们决定去太阳百货店买银河水。

这时，正好10路公交车来了。

坐上10路公交车就能去百货店啦。

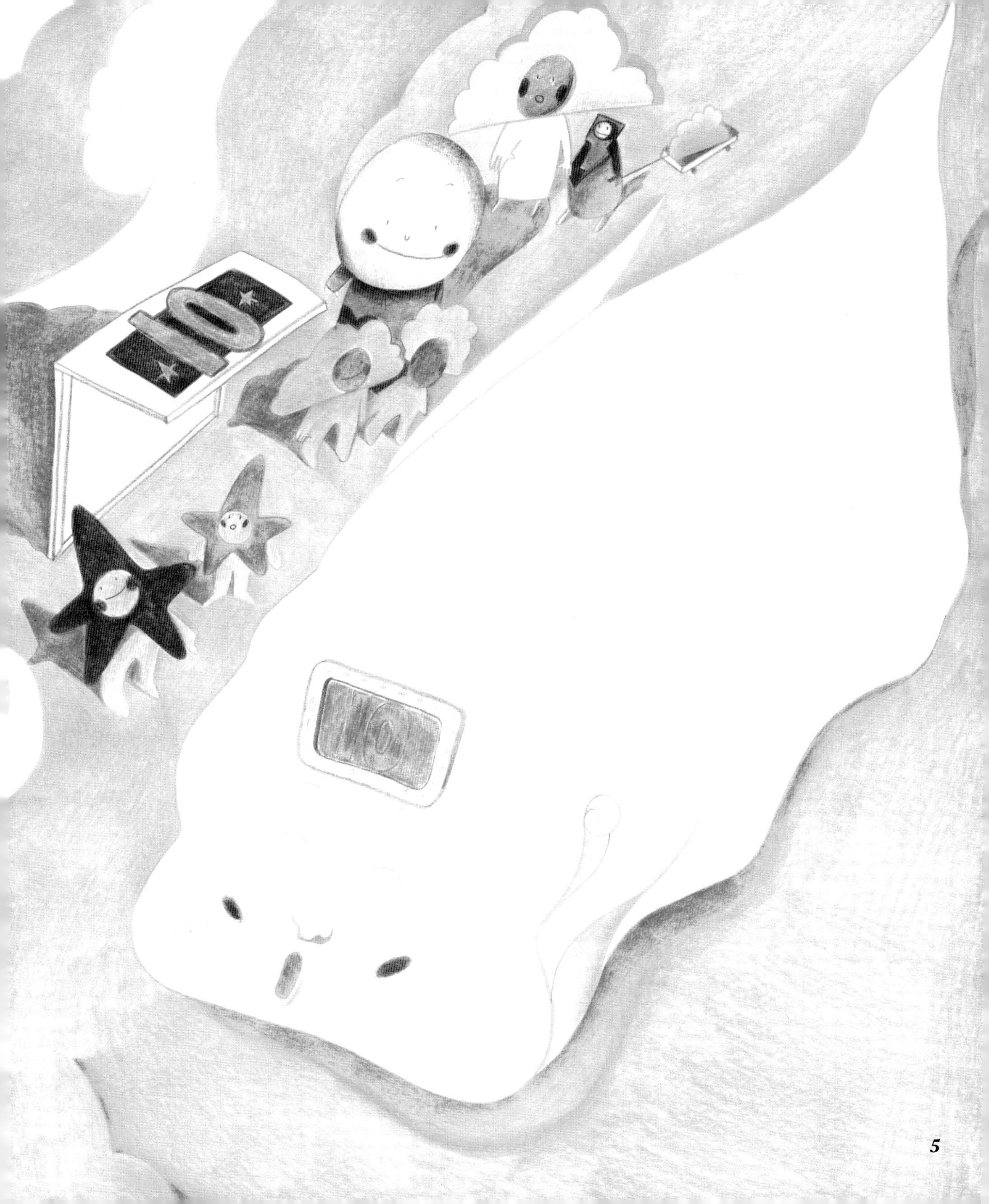
10

10

“我们在哪站下车呢？什么时候下车啊？”

这是蓝蓝第一次在没有妈妈的陪伴下坐公交车。

每次停车，它的心就跳得厉害。

“我们在双鱼座站下车，

再坐十站就到了。”

红红慢悠悠地说。

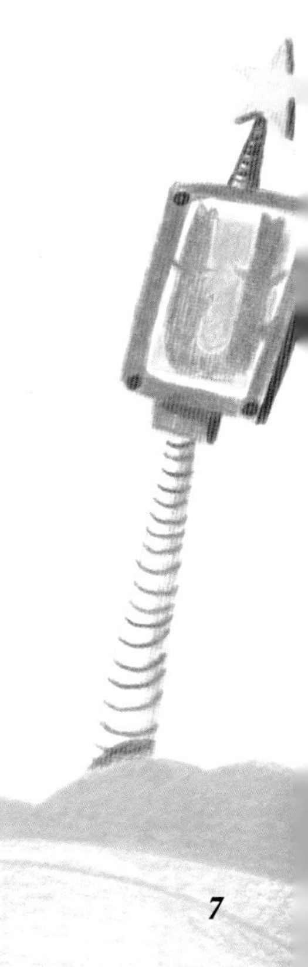

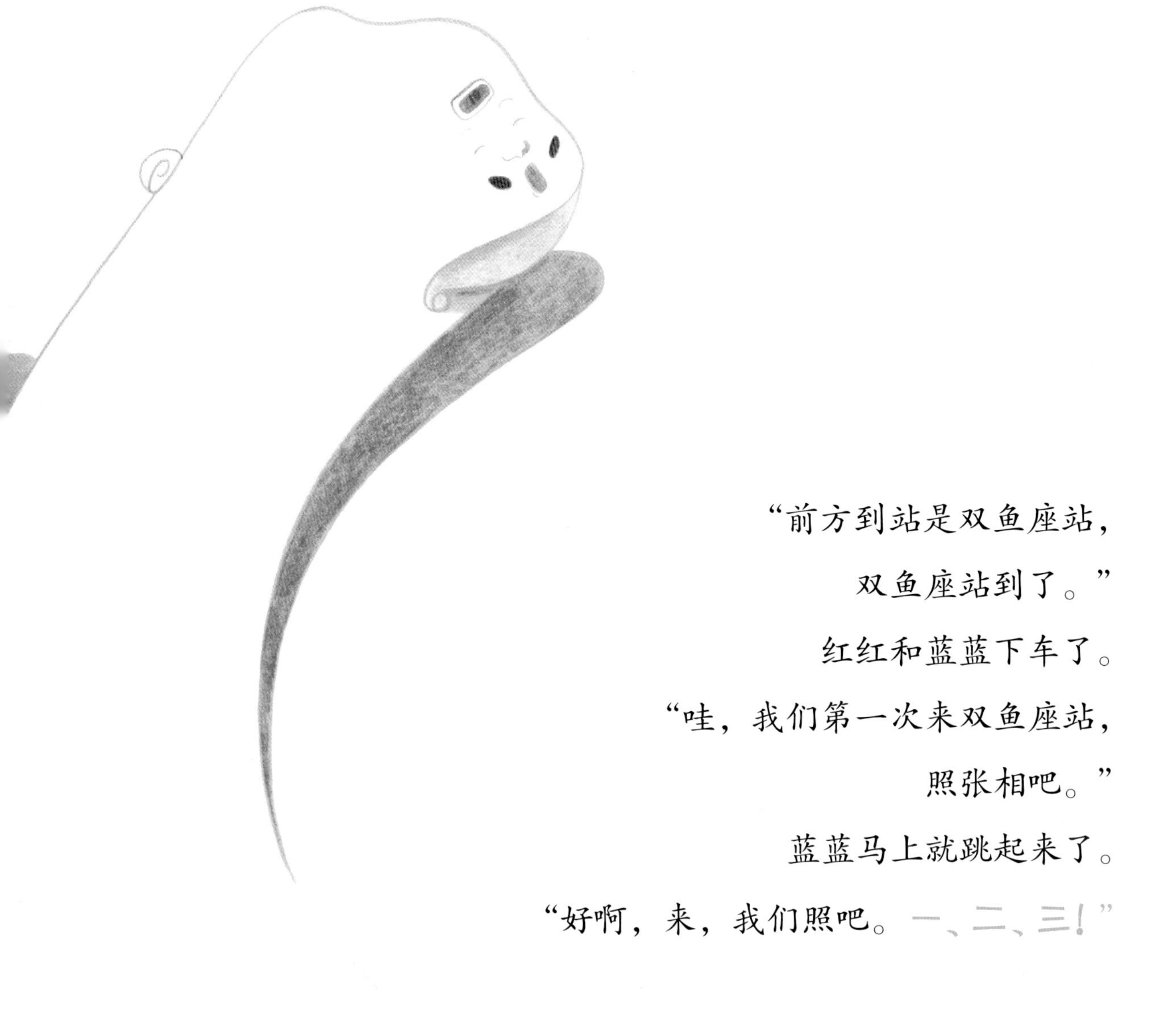

"前方到站是双鱼座站，
双鱼座站到了。"
红红和蓝蓝下车了。
"哇，我们第一次来双鱼座站，
照张相吧。"
蓝蓝马上就跳起来了。
"好啊，来，我们照吧。一、二、三！"

然后，

它们来到了太阳百货店门口。

“哦？马上就要8点啦！”

“唉呀，我们得快点啦，百货店就要关门啦！”

它们呼噜噜地进去了。

“我们得去7层买银河水……”

红红在电梯里说。

但是，红红踮起了脚，

蓝蓝跳了起来，

它们还是按不到7层的按钮。

7
6
5
4
3
2
1

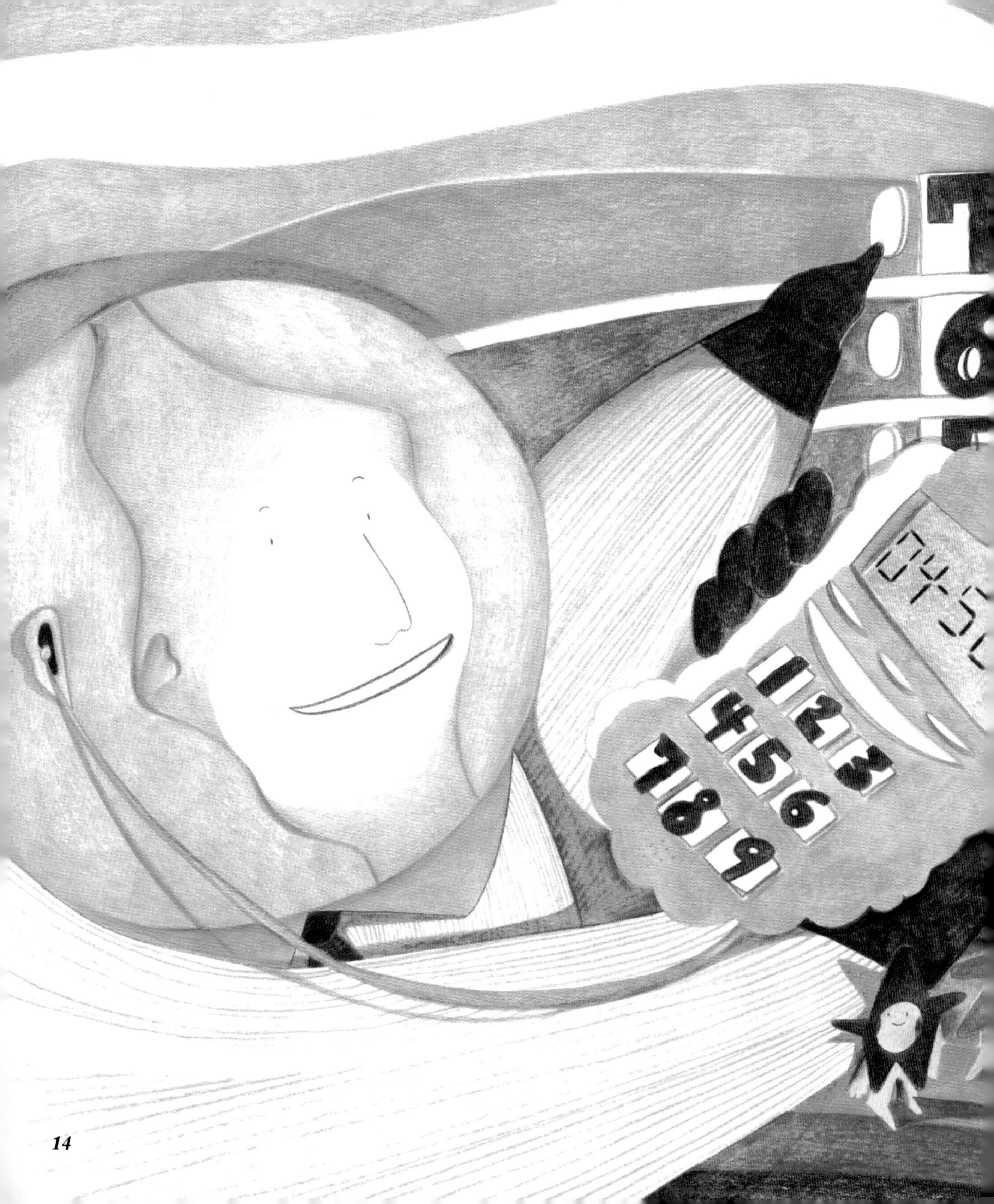
1 2 3
4 5 6
7 8 9

“啊，你们要去 7 层啊。”

和它们一起坐电梯的地球叔叔

帮它们按了 7 层的按钮。

“地球叔叔，谢谢您。”

它们很有礼貌地感谢了地球叔叔。

不过，地球叔叔好像非常忙，

它的手机一直拿在手里。

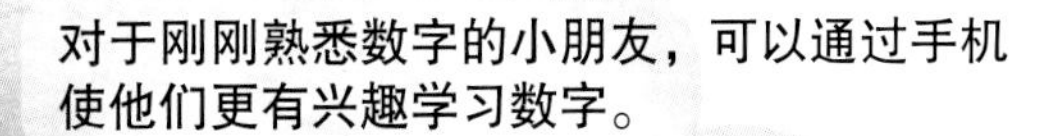
对于刚刚熟悉数字的小朋友，可以通过手机使他们更有兴趣学习数字。

705

“叮咚”，7层到了。

可是蓝蓝又开始担心了。

“在哪儿能买到银河水呢？”

“看到705号了吗？去那看看吧。”

“谢谢地球叔叔。”

它们再次感谢了地球叔叔。

1000
천원

红红和蓝蓝

走进了卖银河水的商店。

银河水一闪一闪的，非常漂亮。

“阿姨，一袋银河水多少钱？”

“5000 元，你们要一袋吗？”

红红拿出 3000 元，

蓝蓝拿出 2000 元，

这样就能买到一袋银河水啦。

译者注：5000 韩元约合人民币 28 元左右。

月亮的生日到了！

它所有的朋友

都来庆祝它的生日。

“月亮啊，生日快乐哦！”

红红和蓝蓝

也拿出了它们准备的礼物。

“哎呀，真是太漂亮啦！”
月亮非常开心，
它把银河水挂到了天上。

大家在巨大的生日蛋糕上插上蜡烛，

然后一起唱生日歌。

“我们最亲爱的月亮，

祝你生日快乐！”

月亮笑了，

朋友们也笑了。

银河水挂在天上，

一闪一闪，一闪一闪。

拓展练习

在我们的家里，藏着好多的数字呢，让我们来找一找吧。

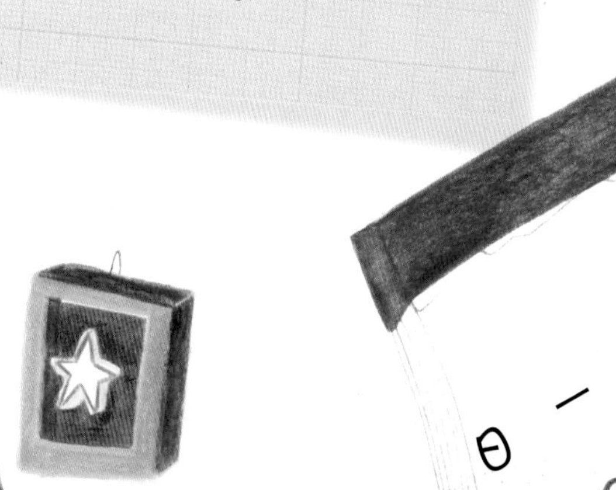

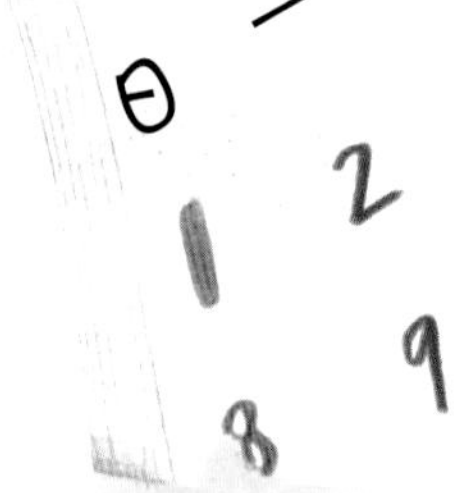

15 16 17 18 19 20 21
22 23 24 25 26 27 28
29 30 31
12
3000
10

大街上也藏着很多的数字。
找一找那些数字并说一说
它们是用来做什么的。

24 小时
超市
美味蛋糕 1000 元
014-16011
打折
10%~50%
111-5678
1235
1251

内容想一想

通常，我们可以利用两种方式来进行记忆。一种是通过语言，另一种就是通过形象。语言记忆比形象记忆更加短暂。因此，在引导孩子学习时，比起只用语言来记忆的方法，灵活运用视觉、听觉来学习的方法会更加有效。

数字教育也是如此。只学习教材上的内容，不如实际去看一看摸一摸来的效果更好。看着日历告诉孩子“你的生日是1月5号”。从而让孩子记住数字1和5，而且还要让孩子知道日历是由数字组成的。看电视的时候也可以告诉孩子“××动画片6点在××频道播出。”这样孩子就知道：要想看动画片先要知道时间和频道。因此，孩子就会明白数字在生活中是十分必要的。如果没有这些数字，我们的生活就会非常的不方便。

生活中的数字

本书讲述的是小星星红红和蓝蓝为了给月亮买生日礼物而发生的故事。为了买银河水，红红和蓝蓝在太阳百货店里看到了各种各样的数字。假如没有这些数字，红红和蓝蓝能顺利地买到月亮的生日礼物吗？在红红和蓝蓝去太阳百货店的途中，每当它们遇到数字时，家长应该给孩子重点强调一下，然后问问孩子在生活中遇到数字的一些情况，并且让孩子说一说数字都有什么作用。

和孩子做个游戏——找一找家里的数字。在哪儿有什么数字，该怎么利用那个数字。通过这个游戏可以让孩子很自然地和数字亲密接触。坐电梯上楼的时候，可以让孩子按数字的顺序读一读；下楼的时候可以再按照反向的顺序读一读。这样也可以熟悉加法和减法的概念。超市里的数字应该会更多。在我们的生活中，接触数字、熟悉数字的机会非常多。问问孩子在生活中遇到数字的情况，还可以把数字联想成一个具体的形象。孩子们在感到乐趣的同时还能产生主动学习的兴趣。

游泳的鱼，双鱼座

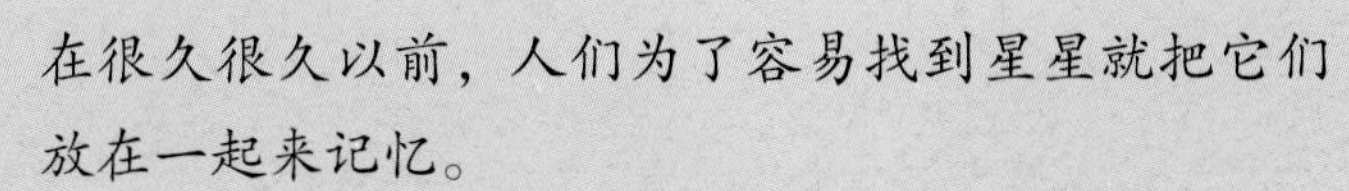

在很久很久以前，人们为了容易找到星星就把它们放在一起来记忆。

彼此相邻的星星被组合起来，然后有个名字。

这就是星座。星座的名字也是多种多样的。

比如，“双鱼座、双子座、金牛座、水瓶座”等。

而且，每个星座背后都有一个美丽的传说。

双鱼座是两条鱼连在一起的星座。秋天的时候，请仰望南方，你就会发现双鱼座在一闪一闪地对你眨眼睛呢。